OBSERVATIONS PRATIQUES

Effets des Eaux Minérales de la Source de Bartête

PRÈS BOUSSAN (HAUTE-GARONNE)

OBSERVATIONS PRATIQUES

SUR LES

EFFETS DES EAUX MINÉRALES

DE LA

SOURCE DE BARTÈTE

Près BOUSSAN (Haute-Garonne)

APPROUVÉES

PAR L'ACADÉMIE IMPÉRIALE DE MÉDECINE DE PARIS

ET AUTORISÉES

Par M. le Ministre de l'Agriculture, du Commerce
et des Travaux publics

PAR M. BÉLUS,

PHARMACIEN A AURIGNAC

Ex-Préparateur de Chimie à la Faculté de Médecine de Montpellier

> L'action stimulante des bains alcalins peut être
> encore mise à profit dans certains rhumatismes,
> dans la chlorose, et dans quelques engorgements
> des viscères abdominaux.
>
> ROSTAN.

TOULOUSE

E. CONNAC, DELPON & Cie, IMPRIMEURS-LIBRAIRES

RUE DES BALANCES, 43

—

1864

Ministère de l'Agriculture, du Commerce et des Travaux publics

ARRÊTÉ

Le ministre secrétaire d'Etat au département de l'agriculture, du commerce et des travaux publics.

Vu la demande formée par la dame Barbet à l'effet d'obtenir l'autorisation d'exploiter une source d'eau minérale qu'elle possède dans la commune de Boussan, département de la Haute-Garonne ;

L'avis de l'Académie impériale de médecine du 13 janvier 1863 ;

Le rapport des ingénieurs des mines du 28 avril et 2 mai suivant ;

L'avis du Conseil général des mines du 31 juillet de la même année ;

Vu l'article premier de l'ordonnance royale du 18 juin 1823 et le décret du 28 janvier 1860 ;

Vu le rapport du conseiller d'Etat secrétaire général et du directeur du commerce intérieur ;

Arrête ce qui suit :

ARTICLE PREMIER.

La dame Barbet est autorisée à exploiter, pour l'usage médical, et à livrer au public sous les conditions ci-après, l'eau de la source minérale, dite Bartête, qu'elle possède dans la commune de Boussan, département de la Haute-Garonne.

ART. 2.

Dans le cas où la permissionnaire voudrait exécuter de nouveaux travaux pour le captage et l'aménagement de la dite source, elle devra en avertir quinze jours au moins à l'avance le préfet du département.

ART. 3.

Elle se conformera aux lois, décrets et règlements existants ou à intervenir touchant sa possession ou exploitation des sources d'eaux minérales. Elle acquittera notamment, le cas échéant, des sommes applicables au service de l'inspection médicale.

ART. 4

Le préfet du département de la Haute-Garonne est chargé de l'exécution du présent décret.

Paris, le 16 novembre 1863.

Signé, ARMAND BEHIC.

Pour ampliation :

Le conseiller d'Etat, secrétaire général ,

Signé, BONREUIL.

Pour expédition conforme :

Le secrétaire général de la préfecture de la Haute-Garonne,

Signé, SOLARD.

Pour copie conforme :

Le sous-préfet.

OBSERVATIONS PRATIQUES

SUR LES EFFETS

DES EAUX MINÉRALES DE LA SOURCE DE BARTÈTE

Près Boussan (Haute-Garonne)

———

Les eaux minérales de la source de Bartête (Boussan, Haute-Garonne) (1), en raison de leurs nombreux éléments minéra-lisateurs, se présentent à l'attention des hommes de l'art sous les auspices les plus favorables, et n'arrivent à la publicité qu'es-cortées des plus honorables témoignages ; aussi méritent-elles, *a priori* d'être classées parmi les grands moyens thérapeuti-ques connus de la médecine actuelle.

Il faut que nous ayons vu constater bien souvent l'efficacité de ces eaux, pour que nous portions à la connaissance du public l'existence de cette source précieuse. Notre but est d'éclairer les hommes de science sur l'intérêt qui s'attache à cette dé-couverte et sur la valeur de ce nouvel agent thérapeutique. Beaucoup de médecins, il est vrai, partagent la prévention de plusieurs de leurs confrères qui ne veulent user, dans leur pratique, de médications nouvelles que lorsque des preuves authentiques et multipliées en ont constaté les avantages. Loin d'accuser les hommes de l'art de prévention en quelque sorte déraisonnable, nous voulons admettre avec eux qu'ils sont

———

(1) La source minérale, captée et exploitée par M Barbet, est située sur la rive droite de la Louge au pied des calcaires compactes qui descendent de la montagne de la Lave. Elle sourd verticalement au contact des calcaires compactes et des sables d'Aurignac, qui sont immédiatement superposés aux calcaires, et qui constituent l'assise supérieure du terrain crétacé dans ce pays.

Il est probable que le griffon correspond à une petite faille, au contact du calcaire et du sable. De l'autre côté de la Louge, le coteau escarpé de Perrou montre les têtes des couches épicrétacées (terrains tertiaires infé-rieurs) principalement représentées par des calcaires à mélonies.

souvent forcés de prendre cette détermination, et cela grâce à l'incroyable quantité de remèdes nouveaux et de prétendues découvertes qu'on cherche à introduire journellement dans l'exercice de la médecine.

Mais en parcourant les nombreux certificats qui témoignent de la guérison de certaines maladies, les médecins consciencieux et bien pensants n'hésiteront pas à faire cet aveu : que les eaux de Bartête n'appartiennent point à la catégorie de ces médicaments qu'on doit proscrire ou délaisser en raison de leur inutilité. Les certificats les plus honorables, et que nous avons recueillis dans cette notice, offrent la preuve la plus évidente que les médecins ne pourraient, sans injustice, se refuser à en conseiller l'usage à leurs malades, dans des cas semblables à ceux que nous allons mentionner.

Depuis longtemps nous avions par devers nous de nombreuses preuves de leur efficacité, mais nous attendions que le jugement des médecins se prononçât sur leur mérite, et aujourd'hui que le succès qu'elles ont obtenu dans plusieurs cas très graves ont été tellement décisifs, nous nous faisons un devoir de les livrer à la publicité, persuadés qu'elles sont appelées à tenir leur place dans le vaste domaine de la thérapeutique.

Dans le but d'offrir aux hommes de science une garantie certaine de la propriété curative des eaux de la source de Bartête, nous en avons appelé à l'appréciation de l'Académie impériale de médecine de Paris, et de laquelle nous reproduisons textuellement le compte-rendu.

Rapport lu à la séance de l'Académie de médecine de Paris le 13 janvier 1863.

Sur le territoire de la commune de Boussan (Haute-Garonne), à un kilomètre de ce village, se trouve une source appelée source de *Bartête.* Cette source appartient au sieur Barbet, qui sollicite l'autorisation de l'exploiter pour l'usage médical.

A l'appui de la demande du propriétaire, l'Académie a reçu :

1º Un certificat de puisement délivré par M. le Maire de Boussan ;

2º Une lettre de M. le Préfet de la Haute-Garonne ;

3º L'avis de M. le Sous-Préfet de Saint-Gaudens ;

4º Une délibération du conseil d'hygiène de cet arrondissement ;

5º Une notice sur les eaux de la source de Bartète ;

6º Plusieurs certificats de médecins constatant l'efficacité de ces eaux ;

7º Des échantillons de l'eau minérale ;

8º Enfin, une certaine quantité du dépôt qui se forme dans la chaudière destinée à chauffer l'eau.

Ce dépôt, qui était contenu dans un vase de grès, était très blanc, poreux, léger, et la forme qu'il avait prise indiquait qu'il avait été renfermé à l'état pâteux, et que le liquide s'était écoulé à travers l'enveloppe qui le recouvrait. Il était formé de carbonate de chaux et de carbonate de magnésie, et, en l'épuisant par l'eau distillée, on a pu constater qu'il renfermait des traces d'acide azotique.

La source qui fournit l'eau de Boussan est située sur la rive droite de la Louge, aux pieds des calcaires compacts descendant de la montagne de la Lave.

L'eau de Boussan jaillit à la température de 15 à 16 degrés, ce qui fait que pour être utilisée en bains, elle doit être chauffée. Elle est connue depuis fort longtemps dans le pays, et elle y a acquis une certaine réputation.

Le propriétaire a fait construire un très bel établissement qui lui a coûté plus de cent mille francs, et la source est captée dans l'intérieur même de l'établissement. Dix cabinets bien disposés renferment douze baignoires ; une onzième est destinée aux douches. L'eau est conduite dans les baignoires au moyen de tuyaux et de robinets, un pour l'eau froide, un pour l'eau chauffée.

L'eau de Boussan qui a été envoyée à l'Académie est limpide, très légèrement acidulée par l'évaporation, elle laisse un résidu très blanc, alcalin, se dissolvant avec une vive effervescence dans les acides.

L'eau, préalablement acidulée, ne précipite pas les sels de Baryte, et l'azotate d'argent ne produit qu'un faible dépôt.

L'analyse de cette eau a été faite par M. Bouis, chef des travaux chimiques, qui a obtenu les résultats suivants pour un litre.

Acide carbonique des carbonates. .	0,144
Chaux.	0,148
Magnésie.	0,032
Soude.	0,004
Chlore.	0,005
Silice.	0,005
Acide sulfurique.	Traces.
Acide azotique.	Traces.
	0,338

En admettant que la chaux et la magnésie sont à l'état de bi-carbonate, la composition de l'eau de Boussan peut être représentée de la manière suivante :

Bi-carbonate de chaux.	0,372
Bi-carbonate de magnésie. . . .	0,096
Chlorure de sodium.	0,008
Silice (à l'état de silicate?). . . .	0,005
Sulfates et azotates.	Traces.
	0,481

Cette eau, par sa constitution chimique et par son efficacité dans diverses maladies, constatée par beaucoup de médecins, ne laisse aucun doute sur sa propriété curative. Du reste, les effets thérapeutiques de l'eau de Boussan peuvent très bien être attribuées à son alcalinité, et la commission des eaux minérales pense qu'il y a lieu d'accorder l'autorisation demandée.

Comme vient de le démontrer M. Gobley dans son rapport, il est certain que les eaux de Bartête doivent leur propriété curative à l'action stimulante des principes alcalins qu'elles renferment.

L'expérience ne nous apprend-elle pas journellement que les principes alcalins des eaux minérales ont une action marquée dans les affections rhumatismales et dans plusieurs engorgements des viscères abdominaux ?

L'action stimulante des bains alcalins ne peut-elle pas être mise à profit dans la chlorose, l'irrégularité de la menstruation, l'hystérie, etc.

Les observations que nous avons recueillies dans cet opuscule donnent la solution complète de ces deux problèmes, et conséquemment dissipent tous les doutes sur les véritables propriétés curatives dont jouissent les eaux de la source minérale de Bartète.

Du reste, pour combattre victorieusement les objections que l'on serait tenté de faire en voyant la diversité des affections qui ont été guéries par leur usage, nous allons citer quelques observations relatives à divers genres de maladies, et qui nous ont été communiquées par plusieurs médecins honorables.

Faits relatifs aux fleurs blanches et aux douleurs rhumatismales.

1° Je soussigné, S. Amiel, médecin à Aurignac, chef-lieu de canton, arrondissement de Saint-Gaudens (Haute-Garonne), déclare que, d'après mes conseils, C..., atteinte de flueurs, a fait usage des eaux de Bartète, situées dans la commune de Boussan, distante de trois kilomètres d'Aurignac, et qu'elle a été radicalement guérie. Je déclare, en outre, que ces eaux, dont la réputation date d'une époque très reculée et que je conseille depuis quarante ans, étaient peu fréquentées, parce qu'on ne trouvait point à Bartète la commodité nécessaire aux baigneurs, mais depuis quatre ans que M. Barbet, qui en est le propriétaire, a fait bâtir un superbe établissement, offrant toutes les ressources désirables, les malades y viennent en grand nombre pour y recouvrer la santé.

2° Le nommé L..., employé, atteint de douleurs rhumatismales aiguës, s'est également bien trouvé de l'usage des bains et douches de Bartête, et un court traitement a suffi pour lui gagner la santé.

Aurignac, 10 novembre 1861.

S. AMIEL,

Docteur-médecin de la Faculté de Montpellier,
Signé.

Vu pour la légalisation de la signature de M. Amiel, docteur-médecin à Aurignac, ci-dessus apposée :

Aurignac, 10 novembre 1861.

Pour le Maire :

C. FASEUILLE, adjoint,
Signé.

Observations relatives aux affections rhumatismales articulaires chroniques recueillies par M. Cazes, docteur-médecin.

Je soussigné, J. Cazes, docteur-médecin de la Faculté de Montpellier, demeurant à Cassagnabère, canton d'Aurignac, Haute-Garonne, certifie que le nommé D..., atteint depuis longtemps de douleurs rhumatismales articulaires chroniques, s'est très bien trouvé de l'usage des eaux de Bartête, administrées en douches et en bains.

En foi de quoi, j'ai délivré le présent certificat pour valoir ce que de raison.

Cassagnabère, 16 novembre 1861.

J. CAZES,

Docteur-médecin de la Faculté de Montpellier,
Signé.

Vu pour la légalisation de la signature du sieur Cazes, docteur-médecin, apposée ci-dessus :

Le Maire empêché, l'adjoint délégué,

DELHOM, *signé.*

Faits relatifs à la leuchorrée, à l'irrégularité de la menstruation et à l'hystérie, recueillies par M. Dedebant, docteur-médecin de la Faculté de Paris.

1º Je soussigné, Bernard Dedebant, docteur-médecin, habitant à Eoux, canton d'Aurignac, Haute-Garonne, déclare que la nommée F...; atteinte depuis longtemps d'une affection leucorrhéïque, s'est très bien trouvée des eaux de Bartête, et que sa guérison, depuis cette époque, ne s'est point démentie.

2º La nommée X.. , hystérique depuis longtemps, est allée, sur mon avis, faire usage des bains et douches de Bartête, et un mois de traitement a suffi pour lui faire recouvrer une santé parfaite.

D'après ce qui précède et bien d'autres considérations, je fais des vœux pour que cet établissement prospère comme il le mérite.

Eaux, le 13 novembre 1861.

B. DEDEBANT,

Docteur-médecin, ex chirurgien-major,
Signé.

Vu pour la légalisation ci-apposée, le maire d'Eoux absent :

Le conseiller délégué,

SAINT-BLANCAT, *signé.*

Faits relatifs à une maladie rhumatismale musculaire, recueillis par M. Dencausse, médecin de la Faculté de Paris, docteur en médecine et en chirurgie de l'Université de Mexico.

Je sousigné, Dencausse, Pierre, médecin de Paris, restant à Saint-André (Haute-Garonne), certifie à qui il appartiendra que parmi les malades qui ont été mis à l'usage des eaux de Bartête, bon nombre ont été guéries ou bien soulagés.

Je me plais à citer notamment qu'une de mes fermières, atteinte de rhumatisme musculaire, avec tendance à passer à l'état chronique, souffrante depuis plus de deux mois, sans que le régime ni le moyen indiqué contre cette affection pussent en triompher, est allée, sur mon avis, prendre huit à dix bains à Bartête; dès le troisième bain, elle se trouva soulagée; après le huitième entièrement guérie. Depuis cette époque (trois ans environ), la guérison ne s'est point démentie.

Par les considérations qui précèdent et que je pourrai multiplier, j'ai la ferme conviction que ce bel établissement de Bartête, dont M. Barbet a doté le pays, est appelé à un grand avenir, attendu que la juste réputation dont jouissent les eaux qui servent à son alimentation date de plus d'un siècle.

Saint-André, 18 novembre 1861.

DENCAUSSE,
Docteur-médecin,
Signé.

Vu pour la légalisation de la signature de M. Dencausse, apposée ci-dessus :

Le conseiller municipal délégué,
DUCASSE, *signé.*

Faits relatifs à la leucorrhée et à certaines altérations organiques viscérales.

Je soussigné, Hilarion Gachies, officier de santé, habitant la commune de Boussan, canton d'Aurignac (Haute-Garonne),

déclare que depuis quatre ans un superbe établissement de
bains a été construit dans notre commune, quartier de Bartête, par M. Barbet, et offrant tous les agréments néces-
saires.

L'eau minérale de cette source abondante, connue depuis
longues années, se trouve dans l'établissement même, et est
appelée à rendre de grands services dans diverses maladies,
particulièrement pour combattre les douleurs rhumatismales
nerveuses, dont je pourrai citer plusieurs exemples de guérison surprenante : hystérie, leucorrhée, dérangement de la
menstruation, lombago, etc. (succès presque certain).

Boussan, 17 novembre 1861.

H. GACHIES,
Officier de santé,
Signé.

Vu pour la légalisation de la signature ci-dessus :

Boussan, 18 novembre 1861.

Le maire, SOULÉ.

Faits relatifs à une affection rhumatismale aiguë.

Je soussigné, Claverie, J. Iphys, officier de santé, demeurant
à Francon, canton de Cazères, arrondissement de Muret (Haute-
Garonne), certifie à qui il appartiendra que depuis environ
quatre ans il s'est créé dans la commune de Boussan (canton
d'Aurignac), un bel établissement d'eaux minérales, et que,
depuis cette création, un grand nombre de mes clients malades, atteints de douleurs rhumatismales et nerveuses, sont
allés prendre des bains dans cet établissement. Beaucoup ont
éprouvé de grands soulagements, et la plupart se sont trouvés
entièrement guéris.

En conséquence, j'ai donné la présente déclaration pour servir et valoir devant qui de droit.

Francon, 16 novembre 1861.

CLAVERIE, *signé.*

Vu pour la légalisation de la signature, apposée ci-dessus :

Francon, 16 novembre 1861.

Le maire, ROQUELEST, *signé.*

Faits relatifs à une paralysie dans la région des membres inférieurs.

Je soussigné, François Laforgue, percepteur à Aurignac, arrondissement de Saint-Gaudens, département de la Haute-Garonne, atteint depuis longtemps de douleurs rhumatismales qui ont donné lieu, dans la suite, à une paralysie générale dans mes membres inférieurs, déclare avoir fait usage (sur l'avis du médecin) des bains et douches des eaux de Bartète. Je certifie, en outre, que c'est après avoir essayé de tous les médicaments vantés contre cette affection, que j'ai eu recours aux bains et douches de cette source précieuse, et qu'un mois de traitement a suffi pour me faire recouvrer une santé parfaite qui ne s'est point démentie, et puis m'affranchir également de l'usage pénible de béquilles auxquelles la gravité de mon état m'avait obligé de recourir. Aussi formé-je des vœux pour la prospérité de l'établissement Barbet, qui joint à la propriété médicale de ces eaux une certaine élégance et une commodité appréciée des baigneurs.

P. LAFORGUE, *signé.*

Aurignac, 12 novembre 1861.

Vu pour légalisation de la signature de M. Laforgue, percepteur à Aurignac, ci-dessus apposée :

Pour le maire,

E. FASEUILLE, adjoint.

Les faits se présentent en foule, mais nous pensons que les précédents suffiront pour établir l'avantage qui peut résulter de l'usage des eaux de Bartête dans un grand nombre de maladies qui se distinguent par un caractère chronique et passif.

L'expérience a encore sanctionné l'efficacité de ce traitement dans certaines maladies, notamment dans les phlegmasies chroniques des viscères et du système muqueux, maladies qui ont toujours été modifiées par l'emploi des eaux de Bartête. Dans les affections cutanées récentes ou invétérées, maladies, aujourd'hui très répandues, et qui sont souvent la cause prédisposante d'un grand nombre d'autres affections.

Les affections cutanées, comme on le sait, affaiblissent la résistance vitale, elles semblent s'appliquer à imprimer à toute l'économie une nouvelle manière d'être qui favorise toutes les circonstances susceptibles de déranger l'harmonie de nos fonctions générales et dont la marche va toujours en progressant. Toutes ces maladies ont été presque toujours combattues avec succès par quelques bains et douches de l'eau minérale de Bartête.

De tout ce qui précède, il est aisé de voir que les eaux minérales de la source, en raison de leurs nombreux principes minéralisateurs, se recommandent à l'estime des praticiens par une action prompte et efficace sur l'économie, par leur inocuité sur les organes de la digestion dont elle stimule au contraire la vitalité et par la certitude de leurs effets curatifs.

Elles doivent donc la grande réputation dont elles jouissent tant aux expériences nombreuses qu'elles ont subies, qu'aux succès multipliés qu'elles obtiennent journellement.

Toulouse, imprimerie E. Connac, Delpon et Cᵉ, rue des Balances, 43.